哪裏來的

聲音

我們的身體也能發出聲音呢！

拍手

唱歌

踏腳　拍耳朵　拍肚子

5

試一試，
能用鼻子聽聲音嗎？

想一想，
能用眼睛聽聲音嗎？

做一做，
能用嘴巴聽聲音嗎？

不不不！

当然不能！

因为只有耳朵才能听到噪音。

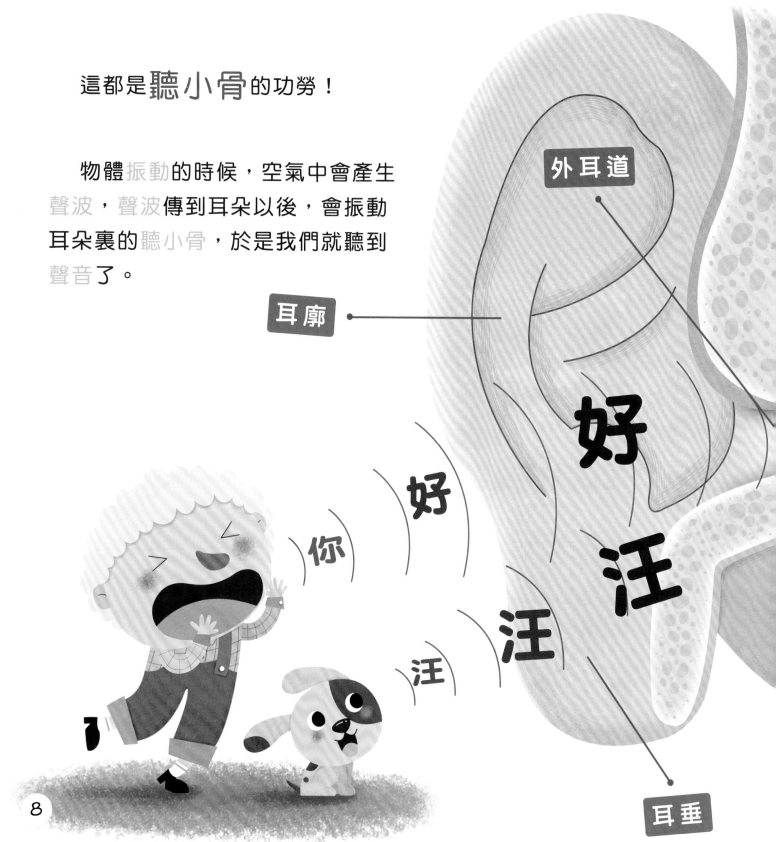

這都是**聽小骨**的功勞！

物體振動的時候，空氣中會產生聲波，聲波傳到耳朵以後，會振動耳朵裏的聽小骨，於是我們就聽到聲音了。

耳廓

外耳道

耳垂

你 好 好 汪 汪 汪

8

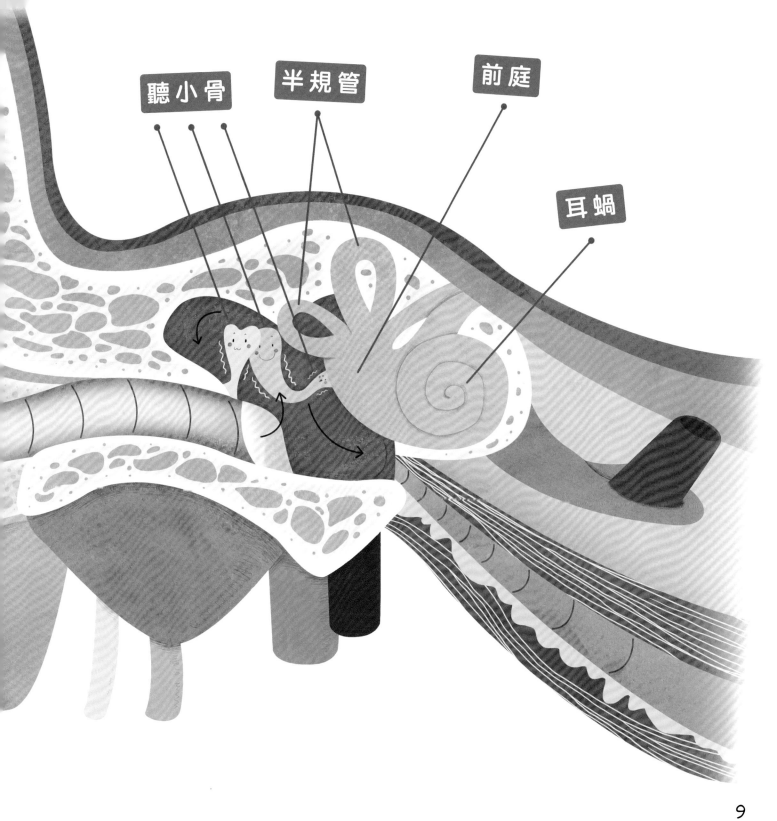

聽小骨　半規管　前庭

耳蝸

有沒有我們**聽不到**的聲音呢？

當然有啦！

小貓悄悄走過來時，

聲音小得讓我們無法聽到呢！

唧唧！▯▯
貓來了我都不知道！

聲音的小祕密

貓的腳掌上有厚厚的肉墊，
這樣走路時聲音就很小很小了。

爪子

肉墊

有的聲音，即使很小，我們也一下就能聽出來。

一聽就知道是蚊子來了！

聲波

振動

你聽到的是我們翅膀振動時發出的聲音,才不是用嘴巴在叫呢!

聲音的小祕密

蜜蜂和蒼蠅也是靠翅膀振動發聲的。

嗡

嗡

嗡

13

科學家們把耳朵能夠聽到的聲音進行了分段。

高於20000赫茲的聲音被稱為超聲波，低於20赫茲的被稱為次聲波。

聽不見

唉！怎麼只能聽見小狗的叫聲呢？

30000赫茲

20000赫茲

汪 汪 汪

只有在 20 到 20000 赫茲之間的聲音我們才能聽到！

有些動物，雖然我們能聽見牠們的叫聲，但牠們相互之間交流時用的聲波，我們可就聽不見了！

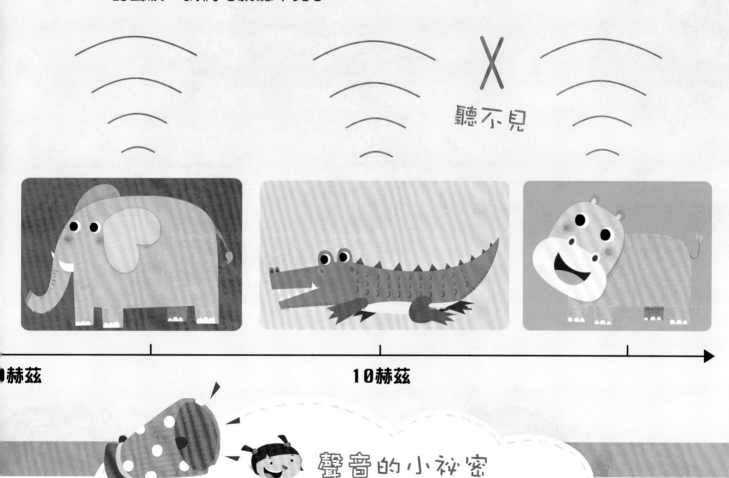

聽不見

0赫茲　　　　　　　　10赫茲

聲音的小秘密

赫茲（Hz）是一秒鐘內的振動次數，是用來表示聲音振動頻率的單位。人的耳朵能夠聽到的聲音範圍主要是由振動的頻率決定的。

15

科學家們還用分貝來表示聲音的大小。

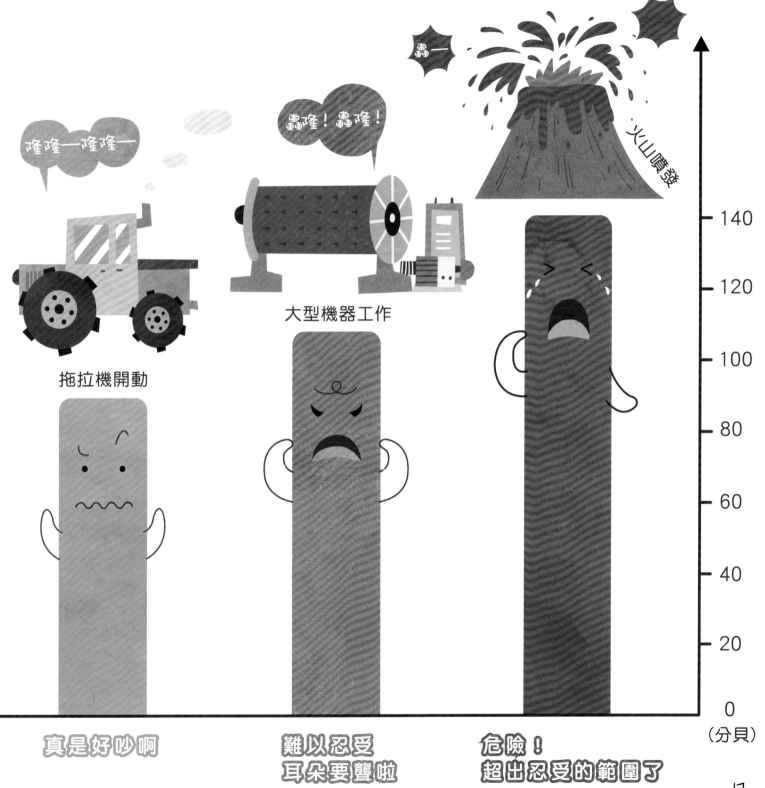

聲音有時候很調皮，它還會學你說話呢！

聲音遇到障礙物時會發生反射，
於是我們就聽到了 回聲 ！

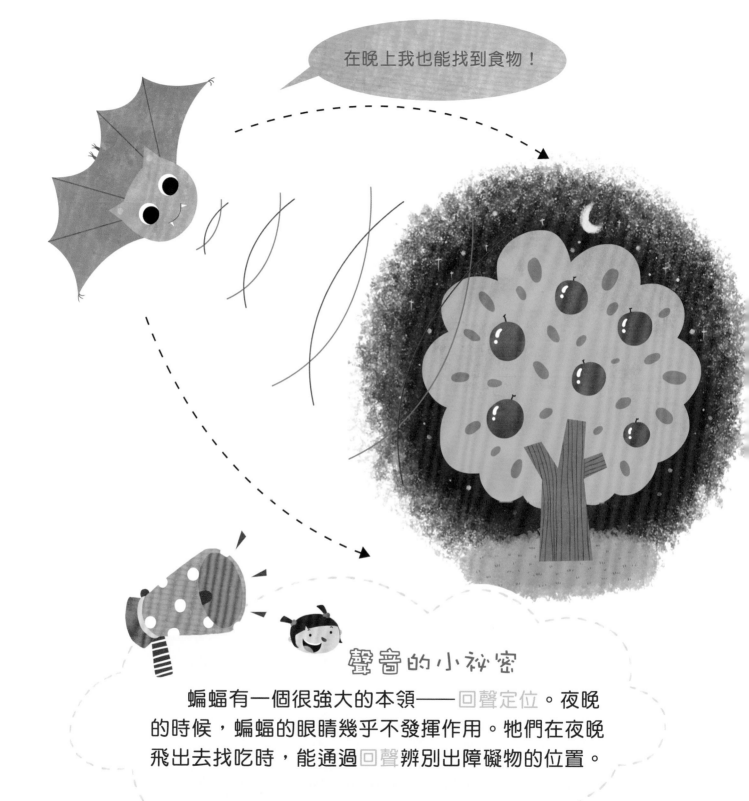

在晚上我也能找到食物！

聲音的小祕密

蝙蝠有一個很強大的本領——回聲定位。夜晚的時候，蝙蝠的眼睛幾乎不發揮作用。牠們在夜晚飛出去找吃時，能通過回聲辨別出障礙物的位置。

科學家們根據蝙蝠的回聲定位發明了雷達。

雷達的作用

衛星定位：有了雷達的幫助，我們就能明白自己的位置在哪裏，它還能幫助我們找到想去的地方。

海上探測：有了雷達的幫助，船長就能了解深海裏的情況，避免意外狀況的出現。

交通測速：注意安全，開車不能超速啊。

搜索和偵查：偵探叔叔在工作的時候，可以用雷達搜索目標。

聲音是人和人重要的交流方式。
古時候，人們在打仗的時候，會
把耳朵貼在地上聽敵人的馬蹄聲，以
此來判斷敵人的行動。

敵人來了，
快準備！

噠噠噠——　噠噠噠

噠噠噠—　　噠噠噠—

電話的發明，讓人與人更加親密了。

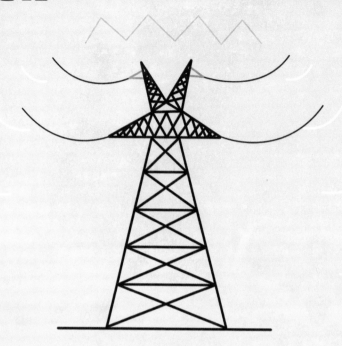

24

錄音機、唱片、電視等電子產品的發明，讓我們能夠把聲音留下來。

好聽的聲音會讓我們覺得愉快。

噪音不僅讓我們覺得刺耳，還會危害我們的健康。

好吵啊！

煩死了！

Boom Boom Boom Boom

耳朵好痛啊！

所以要好好保護我們的耳朵，不要讓它們受傷害啊。

聲音的小祕密

你知道嗎？噪音污染也是環境污染的一種，它和水污染、大氣污染一樣嚴重，會危害我們的健康。

各種各樣的 耳朵

所有的動物都會用耳朵來聽聲音嗎？

大部分的動物都用耳朵來接受聲音，
不過有的動物的耳朵很特別呢。